Titolo: Terre Rare, il vero potere nell'era digitale

Autore: Roberto Gozzetti

Copyrighy © 2021 FREE2READ

All rights reserved

© 2021 Edizione FREE2READ

"Le terre rare sono l'ingrediente segreto di tutto"

- National Geographic

PREFAZIONE

Da quando mi occupo di divulgazione scientifica nel settore dei metalli, ho notato che l'interesse delle persone cresce a dismisura quando vengono trattati alcuni argomenti molto specifici e considerati "da specialisti".

Uno di questi è senza dubbio quello delle terre rare. Per qualche ragione a me sconosciuta, la maggior parte delle persone non riesce a sottrarsi al fascino di questi elementi il cui nome, per quanto esotico, non rimane nemmeno nei lontani ricordi di chimica dei migliori studenti liceali.

Questa attrazione a prima vista per materiali sconosciuti ha giocato brutti scherzi a quegli investitori improvvisati (o ingannati) che si sono avventurati nella speculazione su questi metalli tanto preziosi e strategici, quanto difficili da gestire. Ma a questo proposito troverete alcune storie interessanti proseguendo la lettura...

Insomma, le terre rare sono davvero affascinanti e, soprattutto, rivestiranno un ruolo sempre più importante nella vita di tutti noi, ma è importante conoscerle meglio prima di lasciarsi catturare dal loro indiscutibile e, qualche volta, pericoloso fascino.

Due parole invece sull'organizzazione generale del libro, che non è un manuale ne di chimica ne di metallurgia, ma piuttosto un'opera divulgativa rivolta al grande pubblico, ma utile anche a trader e investitori. Da una prima parte di INTRODUZIONE si passa alla GEOPOLITICA DELLE TERRE RARE, per poi seguire ed entrare nel cuore dei MAGNIFICI 17 metalli. Il libro continua con tutto quello che non si può ignorare se si sta pensando di INVESTIRE IN TERRE RARE e si conclude con le APPENDICI che toccano, tra le altre cose, anche il tema del riciclo.

Spero infine che questo libro possa contribuire alla diffusione delle conoscenze sulle terre rare, in modo che possano uscire dalla marginalità e dalla sola curiosità anche tra gli insegnanti e gli studenti di chimica.

L'Autore

INTRODUZIONE

IL PETROLIO DEL NOSTRO SECOLO

Europio, Samario, Lantanio, non sono altro che i nomi di alcuni dei diciassette minerali che fanno parte delle terre rare (REE – Rare Earth Elements) e sono rappresentati nella tavola periodica come elementi chimici. Per quanto sconosciuti e dal suono abbastanza esotico, impareremo presto quanto siano importanti questi nomi.

Sono materiali insoliti ma diffusi un po' ovunque nella crosta terrestre. La loro estrazione comporta tecniche non troppo diverse dalle attività minerari tradizionali, ma con un alto tasso di inquinamento da scorie, anche radioattive.

Senza alcuni di questi diciassette elementi non sarebbe possibile produrre quasi nulla di tutto ciò che oggi è l'industria più avanzata. Il neodimio, per esempio, è l'elemento essenziale per la produzione di batterie e motori delle auto ibride o elettriche, per l'hardware dei computer, per i cellulari e per le telecamere. In campo militare l'ossido di neodimio è un ingrediente indispensabile nei magneti che azionano le ali direzionali dei missili di precisione. Con l'europio e l'ittrio si producono invece le fibre ottiche e le lampadine verdi; lo scandio è la materia prima per le luci degli stadi sportivi, mentre il promezio serve per i macchinari medici di ultima generazione. Ma sono solo alcuni esempi e proseguendo la lettura capirete quanto siano numerosi i campi applicativi di questi metalli.

Già negli anni '90 il premier cinese Deng Xiaoping aveva proclamato che "le terre rare sono per la Cina quello che il petrolio é per il Medio Oriente". Attualmente, nessuna delle grandi multinazionali, da Philips a Siemens, da Toyota a Nokia, da Hewlett Packard a Apple, fino a Sony e Canon, può produrre i propri dispositivi senza rifornirsi dalla Cina.

Le stime dicono che il 12% dei giacimenti è negli Stati Uniti. Il 18% si trova invece nell'ex Unione Sovietica e quantitativi minori sono sparsi in molti altri paesi. Ma, fra il 37% e il 58% risiede in Cina. Troviamo anche molte miniere in Afghanistan, ma i costi di estrazione delle terre rare sono assai onerosi e difficilmente concorrenziali con quelli cinesi. Anche grazie a questi bassi prezzi la Cina ha venduto terre rare sui mercati di tutto il globo.

Ma già dal 2009 la Cina ha diminuito in modo drastico le esportazioni di terre rare. Il motivo è che deve preservarle per ragioni ambientali e, soprattutto, per le proprie esigenze produttive, in crescita anno dopo anno.

Da allora, il mondo occidentale vive, più o meno consapevolmente, nel pericolo di rimanere senza forniture cinesi di terre rare. Una condizione paradossalmente favorita dall'Occidente stesso dove l'estrazione di terre rare è stata fermata perché poco redditizia e incommensurabilmente meno conveniente rispetto ad acquistare i metalli direttamente dalla Cina.

Di fatto, il problema occidentale dell'approvvigionamento di terre rare dalla Cina è una specie di bomba ad orologeria che prima o poi esploderà. Non è difficile prevedere che questa questione sarà sempre più al centro della geopolitica mondiale.

Recentemente, i funzionari del governo cinese hanno esaminato in che modo le aziende in Europa e negli Stati Uniti, comprese quelle che forniscono la Difesa, sarebbero colpite se la Cina limitasse le esportazioni di terre rare.

Il Ministero dell'Industria e dell'Information Technology ha infatti proposto controlli preliminari sulla produzione e l'esportazione dei 17 minerali delle terre rare dalla Cina. Attualmente, il paese controlla circa l'80% dell'offerta globale.

Anche se qualche volta la situazione viene presentata come una macchinazione malvagia da parte cinese, le cose sono in realtà più complesse e articolate. Infatti, il rischio di una instabilità delle forniture di terre rare è un problema che tocca anche la Cina, come nel caso delle sue importazioni dal Myanmar. Tanto è vero che Pechino ha dato il suo tacito sostegno al recente colpo di stato militare.

Inoltre, per quanto poco noto, anche gli Stati Uniti inviano i propri minerali in Cina per la raffinazione. Il motivo è che la Cina ha le strutture per raffinare ed è più disposta a tollerare i danni ambientali causati dal processo di raffinazione.

Naturalmente, tutto questo lascia l'Europa e i paesi occidentali esposti ad un grosso rischio.

Gli elementi delle terre rare sono indispensabili per gli smartphone e le turbine eoliche. Ma non solo… Ogni jet F-35 richiede circa 417 chilogrammi di terre rare. Ogni arma a guida di precisione e le auto elettriche non possono farne a meno.

Negli Stati Uniti, il Pentagono si è detto sempre più preoccupato per la dipendenza del paese da una fonte di approvvigionamento che considera proveniente da un nemico piuttosto che da un partner.

Ma esiste anche un altro aspetto poco considerato, che non riguarda la minaccia della Cina di colpire il settore militare occidentale vietando l'esportazione di alcune terre rare.

Si tratta della stessa criticità delle forniture anche per la Cina, che potrebbe non avere abbastanza terre rare per le sue necessità produttive. Infatti, la domanda del gigante asiatico di questi elementi è cresciuta oltre ogni immaginazione e i pianificatori economici cinesi non l'avevano prevista.

Negli ultimi 5 anni la domanda interna ha costantemente superato l'offerta. Quindi, la priorità di Pechino sarà di garantire un approvvigionamento sufficiente e sicuro per il consumo interno. La limitazione delle forniture di terre rare all'Occidente potrebbe sottostare ad una logica di questo tipo piuttosto che alla volontà di una ritorsione politica o economica.

In ogni caso, c'è da essere certi che la domanda di terre rare sui mercati dei veicoli rinnovabili ed elettrici aumenterà enormemente. Se l'Occidente non si sveglia e non comincia ad investire subito in questo settore potrebbe trovarsi presto in guai molto seri.

PESANTI O LEGGERE

Le proprietà distintive delle terre rare sono dovute alla loro struttura atomica, in particolare alla configurazione degli elettroni, diversa da tutti gli altri elementi. Mentre tutte le terre rare condividono molte proprietà importanti, altre sono specifiche di elementi particolari. A causa delle loro somiglianze chimiche, compaiono insieme nei minerali e nelle rocce e sono difficili da separare l'uno dall'altro (si parla in questi casi di "coerenza chimica"). Tuttavia, sono le loro proprietà fisiche (elettriche, magnetiche, spettroscopiche e termiche) a renderle così interessanti e a giustificare tutti gli sforzi possibili per riuscire a separarle dagli altri minerali.

Tuttavia le proprietà chimiche di questi elementi non dipendono solo dalla struttura atomica, ma anche dalle dimensioni. Cosa davvero eccezionale, il formato atomico dei lantanidi diminuisce con l'aumentare del numero atomico e ciò comporta le terre rare si trovano in diversi minerali.

Non sorprendetevi che si senta parlare spesso di lantanidi (o meglio lantanoidi) come sinonimo di terre rare. Non sono esattamente la stessa cosa ma quasi. Infatti i lantanoidi sono quei 15 elementi chimici che sulla tavola periodica si trovano fra il lantanio e l'afnio. In pratica, sono tutti gli elementi delle terre rare ad esclusione dello scandio e dell'ittrio.

I lantanoidi sono abbastanza comuni nella crosta terrestre, ma tendono ad essere molto difficili da estrarre in quantità utilizzabili. Sono elementi lucidi e solitamente argentati, almeno fino a quando non vengono esposti all'ossigeno. Sono altamente reattivi e, sebbene non siano esplosivi, si ossidano rapidamente, cosa che li rende suscettibili alla contaminazione da altri elementi.

Non tutti i lantanoidi si ossidano alla stessa velocità. Il lutezio e il gadolinio, ad esempio, possono essere esposti all'aria per lunghi periodi senza macchiarsi, mentre elementi come il lantanio, il neodimio e l'europio sono altamente reattivi e devono essere conservati in olio minerale per evitare l'ossidazione.

Quando di parla di terre rare si fa spesso riferimento (anche commercialmente) a due gruppi principali: le terre rare pesanti e quelle leggere.

Al primo gruppo appartengono 11 elementi, alcuni dei quali sono tra i metalli più costosi a causa delle loro eccezionali qualità magnetiche ed energetiche.

Secondo uno studio condotto dalla Goldman Sachs, le terre rare pesanti continueranno ad accusare un deficit tra domanda e offerta mondiale, diventando sempre più preziose. Anche se la Cina e tutti gli altri produttori di terre rare avranno un surplus produttivo, a livello mondiale vi sarà ancora una grave carenza di terre rare pesanti.

Le terre rare pesanti sono dei lantanidi con un numero atomico maggiore, caratteristiche che li rende più pesanti. Questi elementi sono: disprosio, olmio, erbio, tulio, terbio, itterbio e lutezio, a cui si aggiunge anche l'ittrio che ha una composizione chimica simile e che quindi è classificato tra le terre rare pesanti.

La maggior parte viene estratta in Cina, dove gli ossidi di terre rare vengono ottenuti a buon mercato. Sono concentrate soprattutto nelle argille nel Sud del paese e, fino a pochi anni or sono, dalla Cina proveniva circa il 95% della produzione di tutto il mondo. Anche se ad oggi questa percentuale è scesa, rimane sempre a livelli così alti da garantire un incontrastato primato cinese.

Tuttavia, nel passato questi elementi venivano estratte anche in altri paesi come il Brasile, l'India e la Malesia. Ma da quando la domanda mondiale è esplosa, la Cina è diventato l'unico fornitore chiave di questi elementi.

Tra le terre rare pesanti (HREE – Heavy Rare Earth Elements), i metalli che vengono considerati più importanti e più preziosi sono i seguenti:

- **Ittrio** – Viene in gran parte impiegato per la produzione di fosfori per televisori, di cui compongono il colore rosso. Ma è usato anche come additivo per alcune leghe metalliche a base di alluminio e magnesio.

- **Terbio** – È utilizzato per i fosfori nei display a schermo piatto e nelle lampadine fluorescenti tri-cromatiche. Ma è anche impiegato per i raggi-X, per memorizzare dati su DVD e CD, come alligante insieme al ferro ed al cobalto.
- **Disprosio** – Quando viene aggiunto ai magneti al neodimio-ferro-boro, ne aumenta l'intervallo di temperatura di funzionamento per essere usato sulle auto ibride ed elettriche. Ma viene anche impiegato nella produzione dei sensori per i sonar e per gli attuatori di posizionamento.
- **Olmio** – È utilizzato per rilevare oggetti in base alle vibrazioni, per generare impulsi laser ad alta energia e come difesa contro missili a ricerca di calore a raggi infrarossi.

Parlando invece di terre rare leggere (LREE - Light Rare Earth Elements), troviamo elementi che rivestono un'importanza ancora maggiore.

- **Lantanio** – Fu scoperto nel 1839 quando fu estratto dal nitrato di cerio, ma soltanto nell'anno 1929 fu isolato nella sua forma pura. Il lantanio si trova nei minerali di monazite e bastnasite. Composti contenenti lantanio sono utilizzati nell'illuminazione al carbonio, in particolare nell'illuminazione in studio. Alcuni composti vengono usati per fare vetri speciali e vetri ottici di largo spessore. In pratica è un elemento largamente in usato molte applicazioni moderne. Per esempio, le auto ibride della Toyota (Prius) contengono circa 10 chili di lantanio. Le batterie al nichel-lantanio si sono dimostrate essere un'alternativa più efficiente alle batterie per auto tradizionali. Quando le batterie per auto ibride e le piccole batterie per i ciclomotori cinesi si diffonderanno, non ci sarà abbastanza lantanio per soddisfare la domanda.
- **Cerio** – É il più abbondante tra i metalli delle terre rare ed è stato scoperto nel 1803. Il cerio si trova in diversi minerali, tra cui allanite, monazite e cerite. Esistono depositi di cerio in Brasile, in India e nel sud della

California. Come il lantanio, il cerio è ampiamente utilizzato nell'industria cinematografica per l'illuminazione al carbonio. Ha anche applicazioni nella produzione e nel trattamento di vetro, così come nella produzione di accendini e di forni auto-pulenti. Il cerio viene aggiunto al vetro per colorarlo e per aumentare il suo assorbimento di luce ultravioletta. Questa applicazione è assai importante nell'edilizia, dove vengono usate le finestre che non permettono alla luce ultravioletta di entrare. Viene anche usato come alligante per acciaio o ferro. Anche se viene impiegato in moltissime applicazioni, il mercato del cerio è abbastanza equilibrato e caratterizzato da una forte domanda e da una relativa abbondanza del minerale nel mondo.

- **Praseodimio** – Scoperto nel 1885, si trova soltanto nei minerali di monazite e bastnanite. Questi minerali vengono estratti in Cina, Brasile, Stati Uniti, India, Sri Lanka e Australia. A livello mondiale, la produzione annua è di 2.500 tonnellate mentre le riserve totali di minerale ammontano a circa 2 milioni di tonnellate. Come il cerio, anche il praseodimio può essere utilizzata nella produzione del vetro. Viene anche usato per la produzione degli occhiali a protezione degli occhi dei saldatori. In lega con il magnesio, produce un metallo molto forte che viene utilizzato nei motori degli aeroplani. Ma troviamo il praseodimio anche nei televisori a colori, nelle luci fluorescenti e nelle lampadine a risparmio energetico. Inoltre è impiegato nel settore delle telecomunicazioni e per scopi decorativi. Il praseodimio, che è leggermente tossico, spesso finisce nell'acqua come sottoprodotto di alcuni processi industriali.

- **Neodimio** – É stato scoperto nel 1885 ed è un minerale comune, circa due volte più comune del piombo e circa la metà del rame. Lo si trova anche nella monazite e nella bastnasite, ma è anche un sottoprodotto della fissione nucleare. Come il praseodimio, anche il neodimio conferisce colore al vetro e alle ceramiche, con tonalità che vanno dal grigio al viola. É impiegato per produrre gli occhiali dei saldatori e dei soffiatori di vetro. Ma il principale uso del neodimio è come parte di un composto per produrre super-magneti. Magneti al neodimio sono utilizzati nei computer, negli strumenti a risonanza magnetica, nei treni a levitazione magnetica, nei separatori magnetici e nei televisori a raggi catodici. Un altro impiego assai importante di questo metallo è nelle turbine eoliche. Con la crescita delle energie alternative, la domanda di neodimio e degli altri elementi delle terre rare utilizzati nei super-magneti, è prevista a salire alle stelle.

- **Promezio** – È un elemento radioattivo, identificato per la prima volta dai ricercatori dell'Oak Ridge, in Tennessee (Stati Uniti), nel 1947. Si conosce molto poco delle proprietà di questo elemento anche se con esso sono stati prodotti più di 30 composti. Solitamente viene ottenuto come sottoprodotto della fissione dell'uranio. Non esiste promezio puro in tutta la crosta terrestre.

Il promezio potrebbe avere applicazioni nel settore energetico, essendo utilizzabile per creare batterie a propulsione nucleare, che potrebbero durare fino a cinque anni. Ma potrebbe venire impiegato come generatore termoelettrico per fornire elettricità ai satelliti ed agli altri veicoli spaziali. Per il momento queste applicazioni sono confinate in un ambito solo teorico. Nella realtà lo si usa in campo medico come sorgente di raggi X e in campo militare per dispositivi di comunicazione per i sottomarini. Inoltre il cloruro di promezio è stato utilizzato come vernice luminosa per i quadranti di strumenti e di orologi.

- **Samario** – Scoperto spettroscopicamente da Jean Charles Galissard de Marignac nel 1853, è un elemento delle terre rare che si trovano in minerali come la monazite e la bastnaesite. Esistono ben ventuno 21 isotopi del samario.

Il samario è usato nei magneti e in particolare nei magneti permanenti al samario-cobalto. Questi magneti sono resistenti alla smagnetizzazione, alle temperature estremamente elevate e a condizioni ambientali estreme. Vengono impiegati nelle auto ibride e nei finali dei pick-up per le chitarre elettriche. Anche tutte le apparecchiature audio di fascia alta, utilizzano il samario. Esiste un farmaco al samario-153, che serve per il trattamento del dolore per tumori alle ossa. Il samario si trova anche nelle finestre, come parte di un trattamento per rendere il vetro resistente alle radiazioni infrarosse.

- **Europio** – È stato scoperto contemporaneamente con il samario ed è stato isolato nel 1901. È il più reattivo dei metalli delle terre rare e si infiamma a temperature superiori a 150 gradi centigradi. Non esiste libero in natura, ma soltanto in minerali come la monazite, la bastnaesite e la xenotime.

  L'europio è stato utilizzato nei televisori come fonte del colore rosso. È ancora impiegato come fosforo nelle luci LED bianche. Viene anche usato come un marchio anti-contraffazione delle banconote e come assorbente di neutroni sulle barre di controllo dei reattori nucleari.

- **Gadolinio** – È stato scoperto nel 1880 dal chimico svizzero Marignac. È debolmente magnetico a temperatura ambiente, ma diventa fortemente magnetico alle basse temperature. Il gadolinio è abbondante nella crosta terrestre nella stessa misura del nichel e dell'arsenico. È naturalmente presente in sei isotopi stabili e in 32 isotopi radioattivi.

  Il gadolinio è usato per i fosfori delle lampade, negli schermi a raggi X e come agente di contrasto per la risonanza magnetica. Ma questo metallo si trova anche negli scudi e nelle barre di controllo dei reattori nucleari, in quanto è un ottimo assorbente di energia nucleare. Viene inoltre impiegato nelle tecnologie di comunicazione e nei laboratori come componente nei dispositivi di refrigerazione magnetica.

GEOPOLITICA DELLE TERRE RARE

CHI DETIENE PIÙ TERRE RARE?

Così come per altre risorse, anche per le terre rare, non sempre chi ne detiene grandi quantità è anche un grande produttore. Anzi, qualche volta succede il contrario, come nel caso degli Stati Uniti che, nel 2016, non hanno prodotto neanche un chilogrammo, pur avendo le settime riserve più elevate del mondo.

Per riserve si intende risorse note la cui estrazione è economicamente fattibile ma, non per questo, sono necessariamente sfruttate e, quindi, estratte e trasformate tramite processi produttivi.

Nel caso delle terre rare, le riserve complessive esistenti sul nostro pianeta ammontano a 120 milioni di tonnellate secondo lo US Geological Survey (USGS), così distribuite:

1. **CINA** (riserve: 44 milioni di tonnellate). È il più grande produttore del mondo, oltre ad essere il maggior detentore di riserve. Nel 2016 ha prodotto 105.000 tonnellate.
2. **BRASILE** (riserve: 22 milioni di tonnellate). È il quinto più grande produttore del mondo con 1.100 tonnellate. L'ultimo giacimento scoperto risale al 2012 e il suo valore è stato stimato in 8,4 miliardi di dollari.
3. **RUSSIA** (riserve: 18 milioni di tonnellate). Il paese è un grande consumatore di terre rare (180.000 tonnellate) ma, nel 2016, ne ha prodotte soltanto 3.000 tonnellate. Il governo russo spera di riuscire, quanto prima, a sfruttare le ingenti riserve.
4. **INDIA** (riserve: 6,9 milioni di tonnellate). Secondo l'Economic Times, il paese non si rende conto del potenziale del suo settore delle terre rare.

Nel 2016 ha prodotto 1.700 tonnellate.

5. **AUSTRALIA** (riserve: 3,4 milioni di tonnellate). È il secondo più grande produttore del mondo, pur essendo il quinto per riserve.
6. **GROENLANDIA** (riserve: 1,5 milioni di tonnellate). Ingenti riserve ma produzione nulla per questo paese che ha però in cantiere l'apertura di un'importante miniera di uranio e terre rare.
7. **STATI UNITI** (riserve: 1,4 milioni di tonnellate). Un altro paese che non produce terre rare nonostante le ingenti riserve. È interessante il caso del miliardario russo, Vladimir Iorich, che ha fatto un'offerta per rilevare la miniera di Mountain Pass, gestita in passato dalla Molycorp, prima del fallimento.

Quando invece parliamo di produzione, parliamo di minerali estratti, successivamente processati e trasformati per essere disponibili sul mercato. Per fortuna, soprattutto per i produttori di rinnovabili e di high-tech, la produzione di terre rare nel 2019 è aumentata, passando a 210.000 tonnellate dalle 190.000 tonnellate dell'anno precedente.

Man mano le energie rinnovabili diventano più importanti in tutto il mondo, la domanda di questi metalli cresce. Terre rare come il neodimio e il praseodimio, che sono indispensabili per la cosiddetta energia verde e per il settore dell'alta tecnologia, sono sotto i riflettori del mercato. Infatti, non appena i veicoli elettrici e le auto ibride guadagneranno ulteriore popolarità, assisteremo ad un boom di richieste per questi due metalli.

Inoltre, il mercato guarda con preoccupazione le tensioni in atto tra Stati Uniti e Cina, il principale produttore di terre rare del mondo. Se le cose dovessero peggiorare, la catena di approvvigionamento globale di questi metalli potrebbe rischiare di interrompersi.

In questo contesto è assai interessante conoscere da vicino tutti i numeri relativi alla produzione di questi metalli nel mondo. Qui di seguito troverete i 10 paesi che hanno estratto più terre nel mondo, secondo gli ultimi dati disponibili (2019) dello US Geological Survey (USGS).

1. **CINA (produzione mineraria: 132.000 tonnellate)**

   Come accennato, la Cina è il primo produttore mondiale e, da anni, domina il mercato. Nel 2019, la sua produzione nazionale è cresciuta di 12.000 tonnellate rispetto all'anno precedente. Attualmente, la produzione è in mano a 6 aziende minerarie di proprietà statale, consentendo alla Cina di mantenere un forte controllo sul settore.

2. **STATI UNITI (produzione mineraria: 26.000 tonnellate)**

   La produzione negli Stati Uniti attualmente proviene solo dalla miniera di Mountain Pass, in California, che è tornata in produzione nel 2018. Era gestita da Molycorp, fallita, e poi è stata acquistata da MP Mine Operation. Il paese è un grosso importatore di terre rare, con una domanda di 170 milioni di dollari nel 2019.

3. **MYANMAR (produzione mineraria: 22.000 tonnellate)**

   Anche il Myanmar ha visto crescere la produzione rispetto al 2018 (+3.000 tonnellate). Pur non essendoci molte informazioni sui giacimenti minerari di terre rare del paese, sappiamo che gli stretti rapporti con la Cina gli hanno permesso di esportare nel 2018 il 50% delle terre rare pesanti cinesi. Tuttavia, alla fine del 2019, il Myanmar ha chiuso i suoi confini con la Cina, come misura di protezione ambientale.

4. **AUSTRALIA (produzione mineraria: 21.000 tonnellate)**

   Il paese detiene la sesta riserva di terre rare più grande al mondo e si pensa che nei prossimi anni aumenterà la sua produzione. L'australiana Lynas è l'azienda più importante del settore e gestisce la miniera di Mount Weld.

5. **INDIA (produzione mineraria: 3.000 tonnellate)**

   La produzione di terre rare in India è molto al di sotto del suo potenziale. Infatti, il paese detiene quasi il 35% dei depositi minerali mondiali di sabbia da spiaggia, fonti importanti di terre rare.

6. **RUSSIA (produzione mineraria: 2.700 tonnellate)**

   Anche la produzione russa non sembra troppo soddisfacente, anche in considerazione del fatto che da alcuni anni IST Group e Rostec hanno investito 1 miliardo di dollari in produzione di terre rare. Si prevede che la produzione in Russia aumenterà nel tempo.

7. **MADAGASCAR (produzione mineraria: 2.000 tonnellate)**

   La produzione del Madagascar è rimasta stabile nell'ultimo anno. Il paese sta sviluppando il sito Tantalus, che si dice contenga 562.000 tonnellate di ossidi di terre rare.

8. **THAILANDIA (produzione mineraria: 1.800 tonnellate)**

   La produzione in Thailandia è aumentata di 800 tonnellate rispetto al 2018. Anche se le sue riserve di terre rare non sono note, il paese rimane uno dei primi paesi produttori al di fuori della Cina.

9. **BRASILE (produzione mineraria: 1.000 tonnellate)**

   Leggera diminuzione della produzione brasiliana: -100 tonnellate. Nel 2012, in Brasile è stato scoperto un deposito di terre rare da 8,4 miliardi di dollari, ma non è ancora stato fatto molto per sfruttarlo.

10. **VIETNAM (produzione mineraria: 900 tonnellate)**

    Il paese ospita numerosi depositi, soprattutto sul confine nord-occidentale con la Cina e lungo la costa orientale. Dal momento che il Vietnam vuole sviluppare il settore interno delle energie pulite, sta cercando di estrarre più terre rare per le sue catene di approvvigionamento.

LA DIPLOMAZIA DEL BASTONE

La storia contemporanea sta scorrendo sotto i nostri occhi, ma al contrario di quanto accadeva in passato, molti episodi che lasceranno la loro traccia sui libri, si svolgono ben lontani dalla vecchia Europa e difficilmente attirano l'attenzione dei mass-media occidentali. Quello che segue è il resoconto di una contesa internazionale che, prima o poi, potrebbe tornare d'attualità ma in circostanze ancora più drammatiche.

7 settembre 2010, isole di Senkaku nel Mar Cinese Orientale. Un peschereccio cinese entra in collisione con due imbarcazioni della guardia costiera giapponese. Dopo la collisione, i militari giapponesi salgono a bordo del peschereccio e arrestano l'equipaggio e il capitano Qixiong Zhan che, come dimostrarono successivamente i filmati, aveva deliberatamente speronato la barca giapponese.

Le isole di Senkaku (per i cinesi isole Diaoyutai), disabitate e sconosciute al resto del mondo, sono da lungo tempo oggetto di contesa tra la Cina e il Giappone. Furono annesse al Giappone nel 1895, dopo la vittoria della guerra con la Cina.

La disputa su queste piccole isole è però una bomba ad orologeria, data l'enormità della posta in gioco.

Nonostante le dichiarazioni giapponesi che gli interessi cinesi sarebbero legati ai potenziali giacimenti di petrolio, non c'è mai stato dialogo tra i due paesi sulla questione, che rimane al centro di una più ampia tensione tra Cina e Giappone, risalente al massacro di Nanjing (Nanchino) del 1937, quando furono assassinati circa 300.000 cinesi dall'esercito giapponese.

Tornando ai nostri giorni, la Cina, per ritorsione all'arresto del capitano del peschereccio, cancella un viaggio di ben 10.000 turisti cinesi in Giappone. Inoltre, minaccia ulteriori ritorsioni se il capitano del peschereccio non verrà rilasciato immediatamente e senza condizioni. Il 21 settembre la crisi arriva all'apice: il tribunale giapponese di Okinawa conferma l'arresto del capitano del peschereccio. A quel punto la Cina effettua un gesto clamoroso e sorprendente: blocca totalmente l'esportazione di terre rare verso il Giappone. Il Giappone importa dalla Cina il 90% dei propri fabbisogni di terre rare e questi metalli rari sono indispensabili all'industria giapponese.

Per dare un'idea dell'importanza della disputa, basta considerare che il trattato di mutua cooperazione e sicurezza tra Stati Uniti e Giappone. Questo trattato obbliga gli Stati Uniti ad un intervento militare per difendere il territorio giapponese. In quei giorni il segretario di stato americano dichiarava che Washington avrebbe onorato il suo impegno militare in caso di conflitto militare sulle isole Senkaku.

Due giorni dopo il blocco delle esportazioni di terre rare da parte della Cina, il tribunale giapponese di Okinawa dichiara le accuse verso il capitano del peschereccio inesistenti e ordina il rilascio immediato del capitano. Il giorno 29 settembre la Cina riattiva le procedure di esportazione, ma chiede le scuse ufficiali del Giappone e il risarcimento dei danni. Il capitano del peschereccio viene accolto in Cina come un eroe nazionale.

La marina militare cinese è solita utilizzare imbarcazioni civili per difendere la sovranità delle coste nazionali e delle acque territoriali, come parte cruciale della dottrina che gli ufficiali cinesi chiamano guerra popolare. Spesso sui pescherecci cinesi vi sono militari, in uniforme o in borghese, sempre armati.

Nel novembre 2010, le riprese della collisione vengono pubblicate su internet, suscitando grande imbarazzo nel governo giapponese, che aveva fatto di tutto per mantenerlo segreto. Infatti dal video emerge la responsabilità cinese e di conseguenza dimostra come il Giappone sia stato in balia della pressione economica cinese.

L'episodio la dice lunga sull'importanza e sulla carenza mondiale di terre rare. Anche perché, da allora, a detta di moltissimi osservatori, la Cina ha usato questo incidente con il Giappone per iniziare una diplomazia che viene chiamata la "diplomazia del bastone" (big stick) per affermare la propria potenza sia verso il Giappone che verso i paesi occidentali.

Sembra che l'episodio sia anche servito a Pechino come test, per avvisare Vietnam, Malesia, e Brunei che la contesa per le isole di Spratly (un arcipelago ricco di petrolio) potrebbe seguire la stessa strada.

La super-potenza cinese ha dimostrato di non sentirsi minimamente responsabile nel ricorrere alla guerra economica pur di far valere le proprie ragioni. In Giappone anche i militari sono preoccupati, poiché la stessa spregiudicatezza potrebbe portare i cinesi all'intervento militare.

Secondo molti osservatori, gli equilibri geopolitici ed economici della regione non sono più gli stessi dopo l'episodio delle isole di Senkaku.

DEPOSITI ENORMI E COMPLOTTI IN COREA DEL NORD

L'importante partita geopolitica delle terre rare si gioca anche in un altro paese per lo più sconosciuto all'Occidente. Si tratta della Corea del Nord dove, nel 2014, è stato scoperto un enorme deposito di terre rare. Pur in assenza di notizie ufficiali e certe, potrebbe essere uno dei più grandi depositi di terre rare del mondo.

Secondo alcune stime, il deposito ammonta a circa 6 miliardi di tonnellate di minerali, comprendenti sia terre rare leggere che terre rare pesanti. Il valore del deposito è stato stimato in 65.000 miliardi di dollari. Ma, oltre a terre rare, può produrre come sottoprodotti anche fluorite, apatite, zircone, nefelina, feldspato e ilmenite.

Che gli interessi in gioco siano enormi lo testimonia un drammatico episodio verificatosi una settimana dopo l'annuncio della scoperta e della concessione della licenza alla Pacific Century Rare Earth Minerals Ltd.

Kim Jong-un, leader supremo della Corea del Nord, decide di giustiziare suo zio, Jang Sung-taek.

Jang viene riconosciuto colpevole di "dissolutezze varie" e più precisamente "di aver condotto uno stile di vita capitalista volto a trascinare il paese alla decadenza attraverso la distribuzione di tutti i tipi di immagini pornografiche, conducendo una vita dissoluta e depravata, con sperpero di denaro ovunque andasse". E ancora viene definito "traditore della nazione", "peggio di un cane" e "spregevole feccia umana", termini che vengono solitamente riservati ai leader della Corea del Sud.

Ma dietro all'esecuzione di Jang vi sono molti fattori, tra i quali potrebbe esserci anche la nuova scoperta di terre rare. Infatti, tra i capi di accusa che hanno portato alla condanna a morte del povero Jang Sung-taek e l'uccisione di tutti i suoi familiari, c'è una frase che ha fatto venire i brividi a molte persone coinvolte nel nuovo business delle terre rare: "Jang Sung-taek ha venduto preziose risorse del paese a prezzi stracciati". Certamente, la vicenda dell'esecuzione dello zio del dittatore ha innescato preoccupazioni circa la possibilità di sfruttare il nuovo giacimento facendo conto sugli investimenti esteri.

Di fatto, l'affare delle terre rare in Corea del Nord è davvero rischioso, ben oltre a quanto noi occidentali siamo abituati. Ecco perché è ancora la Cina ad avere un vantaggio competitivo dalle terre rare nordcoreane, cosa che permetterà al gigante asiatico di rafforzare ulteriormente la sua posizione di quasi monopolio sul mercato globale di questi metalli.

TERRE RARE IN ITALIA?

Di tanto in tanto, la stampa italiana ci allieta con notizie circa la possibile esistenza di ricchi depositi di terre rare nel nostro paese. A parte la veridicità di queste notizie tutta da verificare, non sarebbe per nulla sorprendente che in Italia ci fosse la presenza di questi elementi. Anzi, probabilmente ce ne sono ma che siano economicamente sfruttabili è tutta un'altra questione.

Inoltre, al contrario di quanto le persone pensano, i giacimenti di terre rare non sono come i filoni d'oro o i giacimenti di diamanti, il cui ritrovamento è generalmente una specie di benedizione per il paese che li possiede. La presenza di terre rare nel terreno (ammesso che sia in quantità tali da poterle sfruttare con un vantaggio economico) è soltanto una delle tante variabili dell'equazione di un'impresa mineraria in questo settore. Le altre variabili sono la possibilità di inquinare e stravolgere pesantemente l'ambiente per poter estrarre terre rare e la possibilità di poterle raffinare con processi altamente inquinanti. Insomma, anche se in Italia ci fossero depositi di terre rare, l'estrazione e la raffinazione non sarebbero certamente ne convenienti ne possibili.

In ogni caso, la curiosità geologica circa la presenza di terre rare nella nostra penisola rimane.

Non tutti sanno che, oltre 30 anni fa, lo stato italiano avviò un'azione organica di sostegno al comparto minerario. Un progetto denominato Ricerca Mineraria di Base, con il quale individuare nuove aree minerarie di interesse e ampliare le potenzialità estrattive delle miniere esistenti.

Grazie a questa iniziativa fu creato un grande archivio storico con le analisi sui minerali industriali dal 1889 ad oggi. Un patrimonio informativo per accertare giacimenti e riserve, oltre ad una serie indizi per incoraggiare iniziative imprenditoriali nel settore.

Ancor oggi, a cominciare dal mondo universitario e scientifico, l'interesse per questi studi è assai elevato. Purtroppo, la mancanza di risorse economiche ed umane non consente di sfruttare questo giacimento di informazioni che contiene anche preziose indicazioni su indizi della presenza di terre rare sul nostro territorio.

I MAGNIFICI 17

UNA TERRA RARA MOLTO MAGNETICA

Il **neodimio** è uno degli elementi magnetici delle terre rare ed è diventato un materiale chiave per molti tra i più potenti magneti disponibili sul mercato. Ne sono un esempio i magneti al neodimio-ferro-boro che sono utilizzati in una vasta gamma di moderne applicazioni tecnologiche.

Il neodimio fu scoperto nel 1885 dal chimico austriaco Carl Auer von Welsbach, sebbene la sua scoperta provocò parecchie controversie tra gli scienziati. Infatti, il metallo non può essere trovato naturalmente nella sua forma metallica e deve essere separato dal didimio.

Come riporta la Royal Society of Chemistry, ciò ha causato scetticismo tra i chimici sul fatto che fosse un metallo unico o meno. Tuttavia, non passò molto tempo prima che il neodimio ricevesse il riconoscimento come elemento a sé stante. Il metallo prende il nome dal greco "neos didymos", che significa "nuovo gemello".

Il neodimio stesso è abbastanza comune. Infatti, nella crosta terrestre, è due volte più comune del piombo e circa la metà del rame. Viene tipicamente estratto da minerali di monazite e bastnasite, ma è anche un sottoprodotto della fissione nucleare.

Come accennato, il neodimio ha proprietà magnetiche incredibilmente pronunciate e viene utilizzato per creare i più potenti magneti esistenti a base di terre rare. Anche il praseodimio, un'altra terra rara, si trova spesso in tali magneti, mentre il disprosio viene aggiunto al neodimio per migliorare la funzionalità dei magneti a temperature più elevate.

I magneti al neodimio-ferro-boro hanno rivoluzionato molti pilastri della tecnologia moderna, come telefoni cellulari e computer. Il loro segreto è nell'estrema potenza magnetica anche in piccole dimensioni. In pratica, il neodimio ha reso possibile la miniaturizzazione di molti dispositivi elettronici.

Per fare alcuni esempi, i magneti al neodimio causano le minuscole vibrazioni nei dispositivi mobili quando una suoneria viene silenziata ed è solo a causa delle proprietà magnetiche del neodimio che gli scanner MRI (risonanza magnetica) possono produrre una visione accurata dell'interno di un corpo umano senza dover usare le radiazioni.

Ma questi magneti vengono utilizzati anche per la grafica nei televisori moderni; migliorano notevolmente la qualità dell'immagine dirigendo accuratamente gli elettroni sullo schermo nell'ordine corretto per la massima chiarezza e colori migliori.

Inoltre, il neodimio è un componente chiave nelle turbine eoliche, che utilizzano magneti al neodimio per migliorare la potenza delle turbine e generare elettricità. Il metallo si trova più comunemente nelle turbine eoliche a trasmissione diretta. Queste funzionano a velocità inferiori, consentendo ai parchi eolici di creare più elettricità rispetto alle turbine eoliche tradizionali e, a loro volta, di realizzare un profitto maggiore.

Semplificando, poiché il neodimio non pesa molto (anche se genera una quantità significativa di forza magnetica) ci sono meno parti coinvolte nella progettazione complessiva, rendendo le turbine più efficienti nel produrre energia. Naturalmente, con l'aumento della domanda di energia alternativa, anche la domanda di neodimio è destinata ad aumentare.

Anche nel caso del neodimio, la produzione cinese ha rappresentato la stragrande maggioranza delle fornitura mondiali negli ultimi anni (circa l'80% secondo lo US Geological Survey). Per un certo periodo, la Cina ha limitato la fornitura di terre rare attraverso quote di esportazione, una mossa che ha causato preoccupazione nel resto del mondo. Tuttavia, nel 2014, l'Organizzazione Mondiale del Commercio (OMC) si è pronunciata contro le quote, affermando che le regole violavano il ruolo della Cina come membro dell'OMC. Il ministero del Commercio cinese ha annunciato alla fine di dicembre 2015 che il paese avrebbe abolito i limiti alle esportazioni.

Al di fuori della Cina ci sono pochi produttori di terre rare e le decisioni del gigante asiatico circa l'esportazione di questi elementi può avere un impatto molto forte su numerose produzioni mondiali, a partire da tutte quelle che necessitano neodimio, un metallo che abbiamo visto quanto sia importante.

IL METALLO NASCOSTO DELLE AUTO ELETTRICHE

Anche il **disprosio** è un metallo sconosciuto alla gran parte delle persone, anche se sta diventando sempre più importante nella produzione di molti dispositivi high-tech.

Il disprosio è stato scoperto nel lontano 1886 come impurità. Ma fino al 1950 non esisteva neanche un campione di disprosio puro. Il suo nome, derivante dal greco e che significa "difficile da raggiungere", la dice lunga circa la sua rarità.

Ha un aspetto argenteo-metallizzato brillante, una bassa tossicità e non se ne conosce alcun ruolo biologico.

Come gli altri lantanidi, 15 elementi chimici metallici con numero atomico da 57 a 71, si trova nei depositi di monazite e bastnaesite, oltre che in minerali come la xenotime e la fergusonite.

Il suo impiego principale è nei magneti a base di neodimio, anche chiamati super-magneti. L'aggiunta di disprosio consente ai magneti di preservare il magnetismo anche alle temperature più elevate.

Qualcuno potrebbe pensare che un super-magnete sia una curiosità da laboratorio o un giocattolo istruttivo. Nella realtà, questo tipo di magneti è indispensabile per i motori e i generatori delle turbine eoliche e dei veicoli elettrici. Ma il disprosio viene impiegato anche nelle barre di controllo dei reattori nucleari, riuscendo ad assorbire facilmente neutroni senza gonfiarsi.

Purtroppo il disprosio sta diventando sempre più difficile da ottenere e ha costretto alcuni produttori di beni di consumo a ridurne le quantità usate. Ad esempio, nel 2013, Hitachi Metals ha ridotto l'uso di disprosio nei magneti NeoMAX, utilizzati nell'industria automobilistica.

Il disprosio, uno dei più costosi elementi delle terre rare pesanti, è fornito da un solo paese (come al solito la Cina), cosa che crea problemi di approvvigionamento e prezzi elevati. Essendo il più grande produttore di terre rare a livello mondiale, non sorprende che la Cina sia anche il più grande produttore al mondo di disprosio.

Le preoccupazioni per la possibilità di una carenza di disprosio sono aumentate negli ultimi tempi, soprattutto a causa della forte domanda per i magneti necessari per la produzione di batterie per auto ibride ed elettriche e motori per turbine eoliche.

Come ben sanno gli operatori de settore, per i prossimi anni è previsto un deficit di disprosio, come per tutte le altre terre rare cosiddette pesanti. Ovviamente, gli analisti prevedono che il prezzo di questo metallo sia destinato a salire. Ma, se siete investitori o speculatori, prima di lanciarvi su questo mercato è meglio che leggiate con attenzione il capitolo dedicato agli investimenti in terre rare. Infatti, si tratta di un settore molto diverso da tutti gli altri e che ha spesso dato cocenti delusioni agli investitori dell'ultimo minuto.

IL MENO RARO TRA LE TERRE RARE

Quando siete davanti ad un bicchiere di rum e vi accingete a fumare il vostro sigaro cubano preferito non potete fare a meno, più o meno consapevolmente, del **cerio**, uno degli elementi delle terre rare.

Per la precisione, tutti gli accendisigari funzionano grazie a pietrine che scatenano scintille. Pietrine che vengono prodotte impiegando una lega, chiamata mischmetal, composta da cerio al 50%, da lantanio e in piccole percentuali da neodimio e praseodimio.

Ma il cerio, dall'aspetto abbastanza simile al ferro, trova impieghi anche nella produzione di leghe di alluminio, leghe di magnesio e in alcuni acciai.

Il cerio è un po' la pecora nera delle terre rare, dal momento che, tra queste, è l'elemento più abbondante sulla crosta terrestre. Un metallo che soffre ormai da tempo di un eccesso di offerta e i cui prezzi sono molto bassi, tanto da non garantire nemmeno i costi di separazione e purificazione.

Tuttavia, secondo il US Department of Energy's Critical Materials Institute, la fortuna per questo metallo potrebbe arrivare da un nuovo tipo di processo per la produzione di nylon e stabilizzanti per PVC (prodotti indispensabili alla produzione di plastica), nel quale verrebbero impiegati come catalizzatori palladio e cerio.

Anche se la cosa è nelle prime fasi di sviluppo e, quindi, è difficile dire se avrà effetti sul mercato del cerio, l'idea è molto interessante.

Presto, il nuovo processo verrà spostato dai laboratori alla produzione vera e propria, dove ci sarà modo di misurare la portata di questa novità, che dovrebbe consentire una maggiore efficienza energetica e una riduzione dei consumi di idrogeno.

La Cina, sta abbandonando l'uso degli stabilizzanti al piombo per la produzione di PVC. Ciò crea l'opportunità per nuovi stabilizzanti, come quelli al cerio, di potersi affermare.

Ad oggi, l'abbondanza di scorte a livello mondiale di cerio, trattato anche come materiale di scarto, rende abbastanza improbabile che la nuova tecnologia possa avere qualche impatto sui prezzi nel breve termine. Le enormi scorte accumulate, in Cina e altrove, fanno pensare che ci vorranno molti anni prima che possano essere smaltite.

Non bisogna però dimenticare che i mercati globali del nylon e degli stabilizzatori per PVC sono enormi. Perciò hanno la capacità di amplificare rapidamente la domanda di cerio, cosa che potrebbe accadere nei prossimi anni.

SCARSO E COSTOSO

Nei prossimi anni, la disponibilità di uno dei metalli più rari del mondo, lo **scandio**, potrebbe aumentare a dismisura, aprendo la porta alla realizzazione di nuovi materiali e nuove applicazioni.

Gli esperti ritengono perciò che la domanda latente per questo metallo sia davvero enorme.

Possiamo quasi dire che si tratta di un metallo "oscuro", del tutto sconosciuto alla maggior parte delle persone, di cui attualmente esiste una disponibilità inferiore alle 10 tonnellate per anno, in tutto il mondo.

Lo scandio, scarso, costoso e impiegato sopratutto in campo militare è impiegato laddove siano necessarie prestazioni elevate.

Tuttavia, qualcosa sta cambiando e da metallo di nicchia, impiegato in piccolissimi volumi, nei prossimi anni potremmo assistere ad un impiego molto maggiore di scandio. Se emergesse una fonte efficiente, si aprirebbero due mercati enormi in grado di consumare il metallo su vasta scala: le celle a combustibile ad ossidi solidi e le leghe di alluminio allo scandio.

Ci sono pochissime forniture di scandio e di conseguenza il suo costo è altissimo, 40 volte quello dell'ittrio

Negli ultimi 50 anni sono stati depositati decine di brevetti per materiali e tecnologie a base di scandio che stanno soltanto aspettando che questo metallo inizi a diventare disponibile.

Lo scandio, la cui esistenza era stata predetta da Dmitri Mendeleev nel 1860, è un elemento metallico morbido di colore argento. Qualche volta viene classificato tra le terre rare, poiché spesso viene ritrovato negli stessi depositi.

Le applicazioni di questo metallo sono fondamentalmente tre:

- leghe di alluminio,
- celle a combustibile solido (SOFC),
- lampade, laser e schermi video.

Le leghe di alluminio allo scandio possono raddoppiare o triplicare la loro resistenza alla trazione, mantenendo la stessa malleabilità così utile per produrre elementi geometricamente complessi. Inoltre, mantengono saldabilità e resistenza alla corrosione. La Russia, durante la Guerra Fredda, impiegava leghe di questo tipo nella produzione dei suoi jet da guerra MIG-21 e il MIG-29, con caratteristiche strabilianti per le competenze di allora.

Le celle a combustibile funzionano convertendo ossigeno e una sorgente di combustibile in una corrente elettrica, acqua, anidride carbonica e calore. Per esempio, venivano usate dalla NASA americana come sorgente di alimentazione sulle astronavi.

Il migliore indicatore di quello che diventerà il mercato dello scandio è il mercato dell'ittrio, il suo collega più vicino nella tavola periodica. I due metalli sono simili, tranne che per il fatto che lo scandio è enormemente più resistente al calore, ha una maggior conducibilità elettrica, proprietà ottiche superiori e, in lega con l'alluminio, fornisce prestazioni di altissimo livello.

Ma allora perché non viene impiegato al posto dell'ittrio? La risposta è nel mercato: ci sono pochissime forniture di scandio e, di conseguenza, il suo costo è altissimo, 40 volte quello dell'ittrio, anche se sono richieste quantità piccolissime per avere un impatto trasformativo drammatico sulle prestazioni del materiale dove viene impiegato.

Perciò l'ittrio, il cui mercato attuale è di circa 3 miliardi di dollari, rischia seriamente di venire soppiantato, almeno in parte, dallo scandio.

La miccia di questo cambiamento è già accesa. Infatti sono stati rinvenuti nel New South Wales, in Australia, importanti depositi di scandio con un grado di purezza da tre a quattro volte superiori a quelli attualmente provenienti dai giacimenti russi. Nel giro di due anni la produzione di questi nuovi depositi sarà sul mercato e la maggior disponibilità renderà i costi del metallo più ragionevoli.

Un grosso cambiamento, che investirà non solo il mercato dell'ittrio ma anche quello dell'alluminio. Molto presto, lo scandio sarà un metallo un po' meno sconosciuto.

UNA TERRA RARA PER ACCENDINO

Anche nel caso del **lantanio** il mercato mondiale ne è affamato e la domanda globale è prevista in aumento. Le attuali batterie per automobili ibride utilizzano tra i 12 e i 15 chilogrammi di questo metallo.

Molte stime indicano che sarà necessario il doppio del lantanio attuale per far fronte alla domanda di veicoli ibridi che impiegheranno batterie elettriche per ridurre i consumi di benzina. Ma poiché il lantanio gioca un ruolo importante anche nelle telecomunicazioni e nel settore medico, la domanda per questo metallo nei prossimi anni dovrebbe rimanere molto forte.

Il lantanio ha molte applicazioni, come nei catalizzatori per le raffinerie di petrolio o nell'illuminazione al carbonio. Aggiunto in piccole quantità, può diminuire la durezza dei metalli duri come il molibdeno, la duttilità e la malleabilità negli acciai. Quando il lantanio viene aggiunto al vetro, migliora la resistenza agli alcali. Il lantanio è usato anche in particolari vetri ottici quali i vetri ad infrarossi e nelle lenti per macchine fotografiche e telescopi, nonché nelle fibre ottiche. Questa terra rara è anche una componente fondamentale nei laser, nelle batterie al nichel-idruro, nei computer portatili e in quasi tutti i dispositivi elettronici portatili. Viene anche utilizzato nelle celle a idrogeno nell'industria automobilistica.

Ad oggi, quasi il 100% del lantanio viene estratto in Cina, ma questo monopolio è assai recente. Infatti, nel 2002 un gruppo ambientalista, con il presunto sostegno finanziario della Cina, è riuscito a sollevare grandi proteste negli Stati Uniti ed è riuscito ad ottenere la chiusura dei due più importanti produttori americani, che fino ad allora avevano fornito il 54% del fabbisogno degli Stati Uniti. Da allora, le forniture mondiali dipendono dalla Cina che, come con le altre terre rare e con i metalli rari, approfitta del monopolio per favorire le proprie industrie a scapito di quelle occidentali, limitando le esportazioni verso l'estero.

Molti oggetti che fanno parte del nostro quotidiano, contengono lantanio. Per esempio, i comuni accendini funzionano proprio grazie a questo metallo. Infatti, il mishmetal, la lega piroforica usato nelle pietre degli accendini, contiene dal 25% al 45% di lantanio.

La carenza di questo importante metallo è un rischio per lo sviluppo delle tecnologie verdi e la sua mancanza potrebbe influenzare anche la disponibilità di molte tecnologie sulle quali l'Occidente ha scommesso per il proprio futuro. Senza lantanio non avremo auto che non inquinano e l'unica magra consolazione sarebbe di vedere i fumatori con le sigarette spente.

IL PIÙ COSTOSO TRA TUTTI GLI ELEMENTI RARI

Mentre le terre rare di cui abbiamo parlato fino ad ora sono tra le più utilizzate e ricercate, nel caso del **lutezio** ci troviamo di fronte quasi ad una curiosità da laboratorio. Ma, è così recente il boom di elementi come scandio, disprosio, lantanio o neodimio che è impossibile dimenticare come tutte le terre rare fossero metalli dimenticati e senza alcuna valenza economica o strategica. Perciò, anche un elemento strano e poco usato come il lutezio potrebbe un giorno guadagnare in popolarità.

Molto difficile da isolare nella sua forma più pura e relativamente scarso nell'universo così come sul nostro pianeta (ma comunque più abbondante dell'argento e dell'oro), il lutezio ha poche applicazioni e una produzione limitata: circa 10 tonnellate all'anno, sotto forma di ossido di lutezio. Per questi motivi è considerato un metallo estremamente costoso. Approssimativamente, un grammo di lutezio vale circa sei volte un grammo d'oro.

Il motivo del suo costo esorbitante è in gran parte dovuto a come lo si trova in natura. Come tutti i lantanidi è presente in un certo numero di minerali tra i quali la xenotime, la monazite e la bastnaesite. I primi due sono minerali $LnPO_4$ ortofosfato (in pratica una miscela di tutti i lantanidi, tranne il promezio) ed il terzo è carbonato $LnCO_3F$ del fluoruro che contiene cerio, lantanio, neodimio e praseodimio. La monazite contiene inoltre torio e ittrio, cosa che crea problemi di maneggiamento, dal momento che il torio ed i relativi prodotti di decadimento sono radioattivi.

Affascinante per le sue proprietà chimiche e fisiche poco conosciute, il lutezio si presenta come un metallo mordido bianco-argento, con un elevato peso specifico (9,84 a 20° C). Fonde a 1.652 °C e bolle a 3.327 °C, cosa che a differenza di molte altre terre rare lo rende un metallo alto fondente e alto bollente.

È l'ultimo elemento della serie dei lantanidi e la sua massa atomica è 174,97 g/mol. Perciò, la sua densità è circa dieci volte quella dell'acqua, che significa che avendo un volume della stessa dimensione di acqua o di lutezio, il peso di quest'ultimo sarà dieci volte maggiore.

Se poi andiamo a vedere quali siano le applicazioni del lutezio, abbiamo la conferma di quanto poco commerciale sia attualmente questo metallo. L'uso più comune (si fa per dire) del lutezio è come catalizzatore nell'idrogenazione, nel cracking, nell'alchilazione e nella polimerizzazione. Ma trova anche in alcune applicazioni come sensore di impurità nell'industria metallurgica ed è impiegato nella produzione di protesi.

Alcuni sali di lutezio vengono utilizzati nella fabbricazione di componenti elettronici e, quindi, possono essere trovati in apparecchiature come televisori a colori e lampade fluorescenti.

Di conseguenza, questi sali possono finire nell'ambiente quando gli elettrodomestici vengono smaltiti in modo improprio. In tal caso il lutezio si accumula gradualmente nel suolo e nell'acqua delle acque sotterranee e la cosa non è certo benefica, dal momento che ciò si tradurrà in un aumento della concentrazione di sali di lutezio negli esseri umani e negli animali.

Da quanto sappiamo, in generale, i sali di lutezio non idrosolubili non hanno effetti tossici, ma i sali idrosolubili sono pericolosi. Quando le persone vi sono esposte per periodi prolungati, ad esempio nell'ambiente di lavoro, l'umidità genera vapori che possono essere inalati con l'aria. È noto che questo può causare embolie polmonari ed essere dannoso per la funzionalità epatica. Generalmente, la presenza di questi sali provoca danni alle membrane cellulari, alterando così tutte le funzioni cellulari.

Ma dove si trova il lutezio sul nostro pianeta? Le zone estrattive principali dei minerali da cui ricavare lutezio sono in Cina, negli Stati Uniti, in Brasile, in India, nello Sri Lanka ed in Australia. Le riserve mondiali sono valutate essere intorno alle 200.000 tonnellate.

IL METALLO PIÚ LUMINOSO DELLA TERRA

L'**ittrio** è stato scoperto alla fine del XVIII secolo, ma solo negli ultimi decenni questo metallo morbido e argenteo ha trovato un uso diffuso nella chimica, nella fisica, nelle tecnologie informatiche, nell'energia, nella medicina e in altri settori.

Nella tavola periodica degli elementi, l'ittrio fa parte dei metalli di transizione, che includono tra gli altri anche l'argento e il ferro. I metalli di transizione tendono ad essere resistenti ma flessibili, motivo per cui alcuni di loro (rame e nichel) sono utilizzati per produrre fili e cavi. I fili e le bacchette di ittrio sono utilizzati anche nell'elettronica e nell'energia solare.

Tuttavia, raramente l'ittrio viene usato da solo. I ricercatori lo usano per formare composti, come l'ossido di rame e bario ittrio (YBCO), che ha contribuito a inaugurare una nuova fase di ricerca sulla superconduttività ad alta temperatura. Inoltre, l'ittrio viene aggiunto alle leghe metalliche per migliorare la resistenza alla corrosione e all'ossidazione.

Sebbene l'ittrio sia stato scoperto in Scandinavia, è molto più abbondante in altri paesi come Cina, Russia, India, Malesia e Australia. Ma nel 2018 gli scienziati hanno scoperto quello che pensano sia un enorme deposito di metalli delle terre rare, incluso l'ittrio, su una piccola isola giapponese chiamata Minamitori Island.

L'ittrio può essere trovato nella maggior parte dei minerali delle terre rare, ma non è mai stato scoperto nella crosta terrestre come elemento indipendente. Anche le rocce lunari raccolte durante le missioni lunari dell'Apollo contengono ittrio che, in piccole quantità, è contenuto anche nel corpo umano (nel fegato, nei reni e nelle ossa).

Ma una delle principali caratteristiche dell'ittrio, come anche di altri lantanoidi, è la luminescenza. Prima dell'era dei televisori a schermo piatto, i televisori contenevano grandi tubi a raggi catodici, che erano grandi tubi di vetro che proiettavano immagini sullo schermo. L'ossido di ittrio, drogato con l'europio, ha fornito il colore rosso su milioni di televisori a colori.

Negli anni '70 venivano realizzati granati sintetici con un composto ittrio-alluminio (YAG) per ottenere dei diamanti artificiali e altre pietre preziose, ma alla fine hanno lasciato il posto allo zircone cubico. Attualmente, i granati di ittrio e alluminio vengono utilizzati come cristalli che amplificano la luce nei laser industriali. Inoltre, i granati di ferro ittrio sono utilizzati per i filtri a microonde, nonché nei radar e nelle tecnologie di comunicazione.

In ogni caso, i maggiori usi finali dell'ittrio sono nella ceramica e nei fosfori, che vengono utilizzati nei telefoni cellulari e negli schermi più grandi, nonché nell'illuminazione generale. Quantità minori vengono utilizzate nella metallurgia, nella lucidatura del vetro, negli additivi e nei catalizzatori.

Infine, anche l'isotopo radioattivo ittrio-90 ha un utilizzo importante. È infatti indispensabile nella radioterapia per trattare il cancro al fegato e alcuni altri tumori.

L'ELEMENTO X

Con proprietà magnetiche ai limiti dell'impossibile (ha la più alta forza magnetica di qualsiasi altro elemento), l'**olmio** non ha ancora molte applicazioni commerciali ma, molti scommettono, che un giorno non lontano permetterà di rivoluzionare molte tecnologie.

Ne fu scoperta l'esistenza nel 1878, quando vennero individuate delle inspiegabili righe di assorbimento dello spettro che vennero attribuite ad un elemento sconosciuto: l'elemento X, più avanti nel tempo identificato come l'olmio.

Come tutti i lantanidi l'olmio ha una lucentezza argento metallico ed è abbastanza morbido e malleabile. Sebbene sia stabile a temperatura ambiente, si ossida rapidamente in presenza di umidità o a temperature elevate. Presente nella gadolinite, nella monazite e in altri minerali delle terre rare, viene di solito estratto dalla monazite, che ne contiene lo 0,05%.

Anche per questo elemento delle terre rare, sorprende quante poche applicazioni commerciali esistano rispetto al potenziale dato dalle sue straordinarie proprietà magnetiche. Per esempio, si sta cercando di costruire memorie di dati magnetiche a base di olmio che sarebbero particolarmente adatte per i computer quantistici.

Una svolta importante è arrivata recentemente con la realizzazione de supporto di memorizzazione più piccolo al mondo, grande come un atomo.

In pratica, un bit di informazione digitale può ora essere memorizzato con successo in un singolo atomo di olmio. Tanto per avere un riferimento, gli attuali dispositivi di memoria magnetica disponibili in commercio richiedono circa un milione di atomi per fare la stessa cosa.

Inoltre, questa scoperta degli atomi di olmio per memorizzare i bit, sembra resuscitare la legge di Moore.

La legge di Moore prevedeva che la quantità di dati che possono essere memorizzati su un microchip sarebbe raddoppiata ogni 18 mesi e in effetti questo è accaduto per decenni. I dispositivi elettronici di ultima generazione sono sempre più piccoli e più potenti dei precedenti. Tuttavia, man mano che i dispositivi diventano sempre più piccoli, gli atomi dei componenti sono così vicini tra loro che nuove proprietà quantistiche di interferenza iniziano a manifestarsi e causare problemi. L'impossibilità di tenere il passo con ulteriore miniaturizzazioni, ha portato gli esperti a parlare della morte della legge di Moore.

Ma gli atomi di olmio sembrano sfuggire a questo destino. Per ragioni ancora sconosciute non ci sono effetti quanto-meccanici tra gli atomi di olmio che possono essere disposti molto vicini tra loro senza perdere capacità di memorizzazione.

IL LANTANOIDE PIÙ RARO

Nel caso del **tulio**, l'aggettivo raro non è davvero sprecato.

Impossibile da trovare puro in natura, è presente in piccole quantità nei minerali con le altre terre rare. Si trova principalmente nella monazite che ne contiene circa 20 parti per milione.

Secondo le stime della Minor Metals Trade Association, ne vengono prodotte soltanto 50 tonnellate all'anno. Nel mondo ci sono 3 paesi che producono tulio (Cina, Russia e Malesia), mentre le riserve sono distribuite tra Cina, ex Repubbliche Sovietiche (Russia compresa) e Stati Uniti.

Il tulio fu isolato come ossido per la prima volta nel 1879, presso l'Università di Uppsala, in Svezia. Tuttavia, è soltanto nel 1911 che viene ottenuto un campione assolutamente puro dell'elemento, consentendo la determinazione esatta del suo peso atomico.

È sempre stato una specie di metallo-Cenerentola anche perché non c'è nulla che si possa fare con il tulio che non si possa fare meglio e in modo più economico con uno degli altri elementi. Uno scienziato è arrivato perfino a dire che "la cosa più sorprendente del tulio è che non c'è niente di sorprendente a riguardo".

Ad ogni modo, non c'è da stupirsi che, fino ad oggi, non ci siano ancora molte applicazioni per questo metallo. Quelle esistenti hanno una scarsa importanza commerciale anche se sono fondamentali per la salute di chi si ritrova in sala chirurgica.

Infatti, il tulio è utilizzato nei laser per uso chirurgico anche se si tratta di apparecchi estremamente costosi, tanto da frenare il loro sviluppo commerciale.

Inoltre, quando irradiato in un reattore nucleare, il tulio produce un isotopo che emette raggi X. Questo isotopo viene utilizzato per realizzare apparecchi a raggi X leggeri e portatili per uso medico, anche grazie al fatto di essere una fonte a bassa energia e quindi relativamente sicuro.

Non esiste alcun composto del tulio che abbia una qualche importanza commerciale.

DALLA RUSSIA ZARISTA AI REATTORI NUCLEARI

Come tutte le terre rare anche il **samario** ha delle particolarità assai singolari. Una di queste è di essere il primo elemento chimico presente in natura a prendere il nome da una persona vivente al momento della sua scoperta. Infatti, il samario è stato isolato dal minerale Samarskite, che è stato scoperto vicino alla piccola città di Miass (Urali meridionali) nel 1847. Il minerale è stato chiamato dal mineralogista tedesco H che aveva ricevuto un campione del minerale da Vasili Evgrafovich Samarsky-Bykhovets, ingegnere e capo di stato maggiore del Corpo Minerario russo tra il 1845 e il 1861.

Sebbene il samario sia stato scoperto nel 1853 dal chimico svizzero Jean Charles Galissard de Marignac, che per primo osservò le sue linee di assorbimento taglienti nel didimio (una miscela di praseodimio e neodimio), fu solo nel 1879 che fu isolato a Parigi dal chimico francese Paul Emile Lecoq de Boisbaudran usando un campione di un nuovo giacimento minerario nella Carolina del Nord (Stati Uniti).

Il samario è un metallo con una pronunciata lucentezza argentea che si ossida nell'aria e si accende spontaneamente a 150 gradi centigradi.

Ma del samario sono interessanti i suoi diversi isotopi, quattro dei quali sono stabili e molti instabili. Le emivite di molti di questi sono molto brevi, dell'ordine di pochi secondi, ma tre di loro, il Samario-147 il 148 e il 149, hanno emivite estremamente lunghe.

Il Samario-147 ha un'emivita incredibilmente lunga: $1,06 \times 10^{11}$ anni o, in parole povere, 106 miliardi di anni. Si tratta di un numero gigantesco e incomprensibile, anche per gli standard geologici. Ricordando che l'Universo stesso ha solo poco meno di quattordici miliardi di anni si fa una certa fatica ad immaginare il decadimento del Samario-147. In pratica, un chilogrammo di Samario-147 decadrà in mezzo chilo in un periodo di tempo che è circa otto volte la durata dell'Universo!

Ma il samario ha anche una lunga storia nell'industria nucleare. Subito dopo la Seconda Guerra Mondiale, il gigante chimico Eli Lilley sviluppò una tecnica di cristallizzazione frazionata per separare il neodimio dal minerale. La sintesi di samario e gadolinio era un sottoprodotto del processo e poiché 1il Samario-149 è un forte assorbitore di neutroni, il prodotto è stato venduto come una prima forma di smorzatore di neutroni per barre di controllo nucleari. Il suo nome era "Lindsay Mix".

Ancora oggi il samario è utilizzato come assorbitore di neutroni nelle barre di controllo dei reattori. In particolare, se miscelato con europio e gadolinio forma il cosiddetto concentrato di samario-europio-gadolinio (SEG).

Il samario ha anche usi più tranquilli. Per esempio, si usa come componente nelle luci ad arco al carbonio nell'industria cinematografica, nonché per la realizzazione di magneti che hanno un'elevata resistenza alla smagnetizzazione. Tali magneti a base di samario sono perfetti sia per le cuffie che per i pickup per la chitarra elettrica. I magneti in samario/cobalto ($SmCo_5$) di recente sviluppo hanno la più alta resistenza alla smagnetizzazione di qualsiasi materiale finora sintetizzato.

Ma gli impieghi del samario non finiscono qui... L'ossido di samario viene utilizzato nel vetro ottico per assorbire la radiazione infrarossa e per drogare i cristalli di fluoruro di calcio nei laser ottici.

Infine, lo si usa trova anche in alcune leghe speciali.

Non male per un elemento scoperto per la prima volta nelle montagne della Russia zarista!

INVESTIRE IN TERRE RARE

UN GROSSO AFFARE CHE RICHIEDE MOLTA ESPERIENZA

Passano gli anni ma, immancabilmente e periodicamente, tornano di moda gli investimenti esotici. Le terre rare sono tra questi.

Forse per il fatto di essere poco conosciute e poco visibili all'esperienza comune, sono facilmente oggetto di operatori con pochi scrupoli che le propongono ad investitori ingenui a prezzi e condizioni scandalosamente svantaggiose.

Qualche anno or sono, a Londra, era di moda tra i trader vendere certificati di proprietà di terre rare con la prospettiva di enormi guadagni per l'investitore. Non che la prospettiva fosse irrealizzabile, tutt'altro. Peccato però che i prezzi a cui venivano vendute agli investitori fossero così alti da rendere quasi impossibile rivenderle senza perdere denaro. Un grande affare per i trader ma un pessimo investimento per i clienti.

Detto ciò, l'idea di investire in metalli strategici come le terre rare non è per nulla una cattiva idea, a condizioni di conoscere bene quello su cui si sta investendo, con rischi e opportunità ben chiari. Ecco perciò alcune informazioni utili e indispensabili, tenendo ben presente che il mercato delle terre rare presenta difficoltà anche per i trader più esperti.

Le terre rare non sono elementi così rari come il loro nome potrebbe far pensare, ma i prezzi di mercato di questi metalli sono qualcosa di molto complicato.

Le terre rare sono 17 e ciascuna di esse viene classificata in gruppi diversi a seconda della tipologia e della forma in cui si presenta. Naturalmente, cambiano anche i prezzi.

Argus Rare Earths, una società di informazione specializzata nel settore delle terre rare, tiene traccia di ben 58 prezzi diversi, raccolti ogni due settimane. Cosa scoraggiante per chiunque voglia capire come muoversi in quella che sembra una jungla selvaggia di prezzi.

Tuttavia, con un po' di pazienza, è possibile fare chiarezza introducendo alcuni principi fondamentali che governano il mercato delle terre rare e i suoi prezzi.

Innanzitutto, è importante sapere che il driver principale del mercato è la Cina. Il gigante asiatico è il più grande produttore del mondo, producendo oltre il 90% di tutte le terre rare. Grazie a questo monopolio, nel 2010 e nel 2011, quando la Cina ridusse le esportazioni, i prezzi schizzarono verso l'alto.

Conseguentemente, i più grandi consumatori di terre rare hanno cominciato a cercare forniture affidabili al di fuori della Cina. Impresa tutt'altro che facile, soprattutto quando i prezzi hanno cominciato a scendere in modo significativo.

Nel 2014, l'Organizzazione Mondiale del Commercio (WTO) ha condannato le restrizioni cinesi alle esportazione di terre rare e la Cina ha deciso di rimuoverle a partire dal gennaio di quest'anno. Inoltre, da maggio, il paese ha eliminato anche i dazi alle esportazioni, condannando i prezzi di questi metalli ad un'ulteriore discesa.

Anche se qualcuno ha ventilato la possibilità che il monopolio cinese si possa indebolire in un prossimo futuro, la Cina è ancora il dominus incontrastato del mercato.

Il Fanya Metal Exchange

Per quanto riguarda i prezzi, a differenza di oro o argento, non è per nulla facile trovarli poiché non esiste alcun mercato ufficiale, ad eccezione del Fanya Metal Exchange, da qualche anno però collassato. Una storia che riassume abbastanza bene a dove può portare l'ingordigia degli investitori e la ricerca di facili profitti da parte dei trader.

Per non tenervi con il fiato sospeso vi dirò subito quale è stato l'epilogo. Centinaia di investitori cinesi arrabbiati hanno aggredito il signor Shan Jiuliang e lo hanno consegnato alla polizia.

Shan Jiuliang era il presidente e il fondatore del Fanya Metals Exchange, la borsa cinese dove venivano scambiate terre rare e altri prodotti ultra rari. Una borsa dove i rischi per l'investitore erano tra i più alti di tutta la Cina.

Come se non bastasse, oltre al rischio intrinseco nel trading di questi metalli molto particolari, la struttura dove veniva immagazzinato il prodotto raffinato, non era regolamentata. Una cosa non da poco conto se si considera che le altre borse mondiali, Comex (Commodity Exchange) e LBMA (London Bullion Market) per esempio, utilizzano soltanto fornitori registrati e certificati, in modo tale da avere la certezza che la purezza e la qualità del materiale nei magazzini siano quelle dichiarate.

Questo mercato aveva visto i prezzi delle terre rare schizzare verso l'alto, attirando l'attenzione di molti speculatori. Ma, dopo un impennata violenta che ha trascinato i prezzi a livelli record, ha iniziato a scendere altrettanto rapidamente. Chi aveva comprato al Fanya Metals Exchange a prezzi molto alti è stato costretto a vendere a prezzi bassissimi.

Ma, come sempre succede in questi casi, qualcuno perde e qualcuno guadagna. Infatti, la domanda di terre rare per il settore militare, aerospaziale e high-tech non è affatto diminuita ed è assai probabile che i militari cinesi, nel bel mezzo della loro più grande espansione, siano riusciti ad acquistare tutte le terre rare disponibili a buon mercato. Certo, se fosse avanzato qualcosa di questa colossale svendita, c'era la coda per metterci sopra le mani a partire dalla Apple, dalla Westinghouse e perfino dal Pentagono.

La giungla delle terre rare

Ma le terre rare, come dicevamo in precedenza, non sono tutte uguali.

Innanzitutto, come già visto in precedenza, si dividono tra terre rare leggere e pesanti e, in linea di massima, queste ultime sono le più richieste. Non per questo, tra le terre rare leggere, si può dire che ci siano metalli poco importanti come nel caso del neodimio e del praseodimio, indispensabili per la fabbricazione dei magneti insieme al disprosio. Il disprosio è assai costoso dal momento che, in forma metallica, vale attualmente 270 dollari al chilogrammo, mentre l'ossido di disprosio vale 210 dollari al chilogrammo.

Invece, il prezzo del cerio metallico è di circa 5,40 dollari al chilogrammo. Il cerio è la più abbondante delle terre rare, persino più abbondante del rame.

Sia il cerio che il lantanio, impiegati entrambi nella produzione di acciaio, sono attualmente in eccesso di offerta. Così come l'ittrio che è abbastanza a buon mercato (4,40 dollari al chilogrammo), al contrario di europio e terbio maledettamente rari e costosi. Il terbio metallico vale 520 dollari al chilogrammo e l'ossido di terbio 380 dollari. L'europio metallico 345 dollari e l'ossido di europio 110 dollari al chilogrammo.

Una tale varietà comporta la necessità di separare fisicamente tra loro i 17 elementi delle terre rare. Si tratta di operazione per nulla facile, complicata anche dalla presenza di una serie di altre impurità come l'uranio e il torio, difficili da smaltire.

Anche se è in uso l'abitudine di utilizzare una media dei prezzi delle terre rare per avere un'idea dell'andamento generale, è impossibile comprendere il trend se non separando i differenti metalli, che seguono una logica della domanda e dell'offerta spesso molto diversa tra di loro.

Proprio come hanno fatto molti mass-media durante gli anni delle impennate clamorose dei prezzi, non comprendendo le differenze tra un elemento delle terre rare e l'altro. Un modo certo per prendere cantonate gigantesche nel formulare previsioni sull'andamento dei prezzi delle terre rare come se fossero un solo metallo.

IL LADRO DI FUOCO

Di tutte le figure del mito greco, Prometeo sembra proprio una delle più significative per la scienza. Questo Titano ha infatti portato il fuoco all'umanità e per quel dono è stato punito con un'aquila che ogni giorno gli stappava il fegato.

Secondo altre leggende, Prometeo ci ha donato la matematica e la scienza, l'agricoltura e la medicina o, addirittura, è stato il creatore gli esseri umani in primo luogo. Tanta incertezza su cosa ha davvero fatto Prometeo è pari solo all'incertezza di chi ha scoperto il **promezio**.

Sappiamo che a dargli il nome è stata Grace Coryell, la moglie di Charles Coryell, che con i colleghi Jacob Marinsky e Lawrence Glendenin produsse il promezio all'Oak Ridge National Laboratory, vicino a Knoxville (Stati Uniti) nel 1945. La signora Coryell pensava che, come Prometeo, stessero rubando il fuoco agli dei, presumibilmente in riferimento al programma della bomba atomica.

Già nel 1902 si sospettava l'esistenza di un tale elemento. Il promezio si trova nei lantanidi, la fila di elementi che vanno dal bario al lutezio. Gli elementi delle terre rare su entrambi i lati, neodimio e samario, sembravano non avere il giusto rapporto nelle loro proprietà chimiche per essere vicini. Era come se ci fosse un un buco tra i due elementi e il chimico ceco John Bohuslav Branner sospettava che un elemento mancante occupasse quel posto.

Questo sospetto fu rafforzato da Henry Moseley, il fisico inglese che ha dato struttura al concetto di numero atomico, rendendosi conto che riflette il numero di protoni nel nucleo di un atomo. Quello che fino ad allora era stato un sistema di numerazione piuttosto arbitrario ricevette un significato specifico e nel 1914 Moseley si rese conto che mancava un elemento nel numero 61 (il promezio).

Ma prima che il team di scienziati americani isolasse il promezio, dei ricercatori italiani avevano trovato il buco dell'elemento 61, battezzandolo florentium, come la loro città. Peccato che l'esperimento italiano non potesse essere replicato, motivo per il quale la scoperta rimase non reclamata fino all'isolamento del promezio nel 1945, come sottoprodotto del combustibile di uranio in uno dei primi reattori utilizzato per produrre plutonio per la bomba atomica.

Uno dei motivi per cui il promezio era stato così sfuggente per un elemento di numero atomico relativamente basso è che non ha uno stato stabile. Infatti, ha solo isotopi radioattivi.

La forma più stabile di promezio ha un'emivita di soli 17,7 anni (promezio-145), quindi non sorprende che si sia rivelato difficile da definire.

È presente in piccole quantità nella pechblenda del minerale quando l'uranio 238 si divide spontaneamente. Le quantità prodotte sono davvero piccole: circa un trilionesimo di grammo da una tonnellata di minerale. Tuttavia, secondo gli scienziati, sulla stella HR465, nella costellazione di Andromeda, ne vengono pompate nello spazio quantità considerevoli per motivi del tutto sconosciuti.

Per quanto riguarda gli impieghi, una volta si usava il promezio per sostituire il radio nei quadranti luminosi per evitare il pericolo del radio. Il cloruro di promezio veniva mescolato con fosfori che emettono luce giallo-verde o blu quando la radiazione li colpisce. Tuttavia, quando i pericoli delle proprietà radioattive dell'elemento sono diventati evidenti, anche questo impiego è stato abbandonato.

Ad oggi, la radiazione beta del promezio viene utilizzata nell'industria per misurare lo spessore dei materiali e l'isotopo Promezio-147 viene impiegato nelle batterie nucleari. Si tratta di fonti di alimentazione a lunga durata che utilizzano la radiazione beta per generare energia. Tali batterie, spesso di diametro inferiore a un centimetro, possono rimanere in funzione per circa cinque anni, il doppio dell'emivita del Promezio-147. Dove si utilizzano? In molti settori che vanno dai missili ai pacemaker.

APPENDICI

NEL FUTURO RICICLEREMO ANCHE LE TERRE RARE

Che cosa hanno in comune uno smartphone, una vettura ibrida e un missile nucleare Tomahawk? Come ormai ci è ben chiaro, nessuno di loro può funzionare senza i metalli delle terre rare.

Non per nulla i governi di mezzo mondo stanno prendendo in considerazione tutte le opzioni per poterne avere la disponibilità, compresa l'estrazione nei luoghi più improbabili, compreso le profondità degli oceani e addirittura sugli asteroidi.

Ma esiste un'altra opzione, concreta e a portata di mano, che sta attirando sempre maggiore interesse: il riciclo.

Ci sono purtroppo ancora molti ostacoli da superare. Tuttavia, alcuni esperti ritengono che riciclando le terre rare provenienti da materiali e prodotti di scarto, si potrebbe soddisfare fino al 40% della domanda mondiale. Per paesi come Europa e Stati Uniti, questo potrebbe essere un enorme vantaggio, dal momento che ad oggi la Cina domina il mercato mondiale delle terre rare ed è in grado di controllare a piacimento la loro offerta e il loro prezzo.

"Le terre rare sono il pepe e il sale in molte delle nuove applicazioni tecnologiche", afferma Koen Binnemans, uno scienziato dell'Università di Lovanio, in Belgio.

Alcuni ricercatori si stanno concentrando su come riciclare questi metalli dai rottami e da prodotti usati come telefoni cellulari e lampadine fluorescenti. Nonostante tutte le ricerche fatte fino ad oggi, meno dell'uno per cento di tutte le terre rare provengono dal riciclo.

Il riciclo di terre rare è ancora nel periodo infantile e le sfide da affrontare per farlo crescere sono più impegnative di quelle per la produzione e l'estrazione di questi metalli rari.

Riassorbire prodotti di alta ingegneria come i telefoni cellulari richiede molto lavoro e passaggi chimici supplementari per riuscire ad isolare le terre rare, ovviamente con aggravi di costo. Inoltre, per quasi per ogni elemento delle terre rare, è necessaria un differente tecnologia di riciclo; infatti separare terbio da una lampadina usata non è la stessa cosa che recuperare neodimio da un hard disk.

Nel lungo periodo, il riciclo può non solo rivelarsi un vantaggio economico, ma anche un vantaggio per la salute pubblica e l'ambiente. I minerali delle terre rare includono quasi sempre una piccola quantità di materiale radioattivo, come l'uranio e il torio. Con il riciclo, i materiali radioattivi di questi elementi non rischierebbero di finire dispersi nell'ambiente, come in alcuni casi succede quando molti prodotti elettronici usati vengono abbandonati nelle grandi discariche.

Certamente la strada verso il riciclo di questi preziosi elementi, passa forzatamente attraverso nuove tecnologie, come quelle impiegate da alcuni ricercatori cinesi che stanno sperimentando un nuovo nano-materiale, chiamato nano-idrossido di magnesio. Si tratta di qualcosa in grado di rimuovere metalli e coloranti dalle acque reflue, nonostante la bassissima concentrazione degli stessi. Le acque reflue, chiamate anche acque di scarico, sono contaminate da diverse tipologie di sostanze organiche ed inorganiche pericolose sia per la salute che per l'ambiente.

Riciclare le terre rare dalle acque reflue, permetterebbe non solo di evitare l'estrazione di nuove terre rare e di proteggere l'ambiente, ma porterebbe anche notevoli benefici economici.

Considerando che le riserve di terre rare come il terbio, impiegato nei magneti e nei superconduttori, ma anche come il disprosio, non potranno durare per più di 30 anni, i tentativi di trovare una tecnologia efficiente ed efficace per il riciclo di questi metalli assume un'importanza strategica, soprattutto per i paesi occidentali.

Purtroppo, fino ad oggi, tutti i tentativi di riciclare terre rare si sono rivelati o troppo costosi o poco pratici. Ma, la grande fame di terre rare della nostra società c'è da scommettere che spingerà i ricercatori a trovare una soluzione efficiente per il riciclo.

TERRE RARE NEI GIOCATTOLI PER BAMBINI

Abbiamo ben capito come le terre rare siano presenti nella cosiddetta spazzatura elettronica. Tuttavia, secondo una recente ricerca, si trovano sempre più spesso anche nelle materie plastiche di consumo quotidiano.

Alcuni scienziati dell'Università di Plymouth (Regno Unito) e dell'Università dell'Illinois (Stati Uniti) hanno testato tutta una gamma di prodotti nuovi e usati, tra cui giocattoli per bambini, apparecchiature per ufficio e contenitori per cosmetici. Lo studio è il primo ad indagare sistematicamente l'intera gamma di terre rare in un'ampia gamma di materie plastiche di consumo.

Attraverso una serie di valutazioni dettagliate, hanno esaminato i livelli terre rare ma anche la quantità di bromo e antimonio, utilizzati come ritardanti di fiamma nelle apparecchiature elettriche e segno della presenza di plastica elettronica riciclata.

I risultati hanno mostrato che uno o più elementi delle terre rare sono stati trovati in 24 dei 31 prodotti testati. Purtroppo, sono stati trovati anche in articoli in cui è vietato il riciclaggio non regolamentato, come negli imballaggi alimentari monouso.

Terre rare sono state trovate anche nelle plastiche marine spiaggiate, fornendo che questi elementi sono contaminanti onnipresenti e pervasivi sia nella plastica di consumo che snella plastica dispersa nell'ambiente. Sebbene fossero già state trovate in vari ambienti (comprese le falde acquifere, il suolo e l'atmosfera) questo studio dimostra quanto sia ampia la contaminazione di terre rare nella plastica e che non sembra essere correlata ad una singola fonte o attività.

Gli elementi delle terre rare hanno una varietà di applicazioni critiche nelle moderne apparecchiature elettroniche a causa delle loro proprietà magnetiche, fosforescenti ed elettrochimiche. Poiché non vengono aggiunte deliberatamente alla plastica per svolgere alcuna funzione, la loro presenza è più probabilmente il risultato di una contaminazione accidentale durante la separazione meccanica e la lavorazione dei componenti recuperabili.

Gli impatti sulla salute derivanti dall'esposizione cronica a piccole quantità di questi metalli sono sconosciuti. Tuttavia, negli alimenti, nell'acqua del rubinetto e in alcuni medicinali, sono stati trovati in livelli ancora maggiori, facendo credere ai ricercatori che sia improbabile che la plastica rappresenti un vettore significativo di esposizione per la popolazione.

Comunque sia, anche le terre rare si stanno facendo strada negli alimenti e in altri prodotti di uso quotidiano perché i produttori utilizzano apparecchiature elettriche riciclate come fonte di plastica.

UTILIZZI

	Stato metallico	Stato di ossido
Magneti	Neodimio, Praseodimio, Samario, Terbio, Disprosio	
Leghe metalliche	Lantanio, Cerio, Praseodimio, Neodimio, Ittrio	
Fosfori		Europio, Ittrio, Terbio, Erbio, Gadolinio, Cerio, Praseodimio
Catalizzatori e chimica		Lantanio, Cerio, Praseodimio, Neodimio
Ceramiche e vetro		Lantanio, Cerio, Praseodimio, Neodimio, Gadolinio, Erbio, Olmio
Altro	Scandio, Ittrio, Lantanio, Cerio, Praseodimio, Neodimio, Promezio, Samario, Europio, Gadolinio, Terbio, Disprosio, Olmio, Erbio, Tulio, Itterbio, Lutezio	

TERRE RARE (REE - RARE EARTH ELEMENTS)

Numero Atomico	Nome elemento	Simbolo
21	Scandio	Sc
39	Ittrio	Y
57	Lantanio	La
58	Cerio	Ce
59	Praseodimio	Pr
60	Neodimio	Nd
61	Promezio	Pm
62	Samario	Eu
63	Europio	Eu
64	Gadolinio	Gd
65	Terbio	Tb
66	Disprosio	Dy
67	Olmio	Ho
68	Erbio	Er
69	Tulio	Tm
70	Itterbio	Yb

71	Lutezio	Lu

LA PRODUZIONE GLOBALE

La stima della produzione di terre rare fa riferimento ai dati dello US Geological Survey (USGS) e della British Geological Survey sulla produzione mondiale nel 2009.

	Quantità prodotte annualmente
Scandio	5.000 tonnellate (*)
Ittrio	8.900 tonnellate
Lantanio	32.860 tonnellate
Cerio	24.000 tonnellate (*)
Praseodimio	6.150 tonnellate
Neodimio	19.096 tonnellate
Promezio	sconosciuta
Samario	1.364 tonnellate
Europio	272 tonnellate
Gadolinio	744 tonnellate
Terbio	450 tonnellate
Disprosio	2.000 tonnellate
Olmio	10 tonnellate (*)
Erbio	1.181 tonnellate (*)
Tulio	50 tonnellate (*)

Itterbio	sconosciuta
Lutezio	sconosciuta

(*) stime della Minor Metals Trade Association

Bibliografia

- REE Background, Wyoming State Geological Survey A precise definition of rare earth elements (REEs) and in-depth discussion of how common REEs are, worldwide REE production, and current REE production.
- Rare Earths Statistics and Information, U.S. Geological Survey, Portal for information on annual production, price, and use of rare earth elements since 1997
- The Rare Earth Elements – Vital to Modern Technologies and Lifestyles (Factsheet), U.S. Geological Survey, Factsheet on the origin, distribution, abundance, supply and demand, and uses of rare earth elements
- Redazione, "Lo zio di Kim Jong-un ha pagato con la vita le terre rare della Corea del Nord", 17/03/2014, www.metallirari.com
- W. M. Haynes, ed., CRC Handbook of Chemistry and Physics, CRC Press / Taylor and Francis, Boca Raton, FL, 95th Edition, Internet Version 2015, accesso a dicembre 2014.
- Roberto Gozzetti, "Metalli Rari: Gli ingredienti segreti del nostro futuro", 2017, Amazon
- Andrew Turner, John W. Scott, Lee A. Green. Rare earth elements in plastics. Science of The Total Environment, 2021; 774: 145405 DOI: 10.1016/j.scitotenv.2021.145405
- A. Kumari, M. K. Sinha, S. Pramanik, and S. K. Sahu, "Recovery of rare earths from spent NdFeB magnets of wind turbine: Leaching and kinetic aspects," Waste Manag., vol. 75, pp. 486–498, 2018.

- "Statista – The Statisitics Portal." www.statista.com/statistics/279953/rare-earth-production-in-china-and-outside/.

- University of Cambridge: Superconductor breakthrough could power new advances

- Los Alamos National Laboratory: Yttrium

- Fabian D. Natterer, Kai Yang, William Paul, Philip Willke, Taeyoung Choi, Thomas Greber, Andreas J. Heinrich, Christopher P. Lutz. Reading and writing single-atom magnets. Nature, 2017; 543 (7644): 226 DOI: 10.1038/nature21371

- John Emsley, Nature's Building Blocks: An A-Z Guide to the Elements, Oxford University Press, New York, 2nd Edition, 2011

- Thomas Jefferson National Accelerator Facility - Office of Science Education, It's Elemental - The Periodic Table of Elements, Dicembre 2014

- Elements 1-112, 114, 116 and 117 © John Emsley 2012. Elements 113, 115, 117 and 118 © Royal Society of Chemistry 2017

- T. L. Cottrell, The Strengths of Chemical Bonds, Butterworth, London, 1954

Indice generale
- PREFAZIONE...3
- INTRODUZIONE..5
  - IL PETROLIO DEL NOSTRO SECOLO..6
  - PESANTI O LEGGERE..9
- GEOPOLITICA DELLE TERRE RARE..15
  - CHI DETIENE PIÙ TERRE RARE?..16
  - LA DIPLOMAZIA DEL BASTONE..20
  - DEPOSITI ENORMI E COMPLOTTI IN COREA DEL NORD...............23
  - TERRE RARE IN ITALIA?...25
- I MAGNIFICI 17...27
  - UNA TERRA RARA MOLTO MAGNETICA.......................................28
  - IL METALLO NASCOSTO DELLE AUTO ELETTRICHE......................31
  - IL MENO RARO TRA LE TERRE RARE..33
  - SCARSO E COSTOSO...35
  - UNA TERRA RARA PER ACCENDINO..38
  - IL PIÙ COSTOSO TRA TUTTI GLI ELEMENTI RARI..........................40
  - IL METALLO PIÚ LUMINOSO DELLA TERRA..................................42
  - L'ELEMENTO X..44
  - IL LANTANOIDE PIÙ RARO..46
  - DALLA RUSSIA ZARISTA AI REATTORI NUCLEARI........................48
- INVESTIRE IN TERRE RARE...50
  - UN GROSSO AFFARE CHE RICHIEDE MOLTA ESPERIENZA..........51
  - IL LADRO DI FUOCO...55
- APPENDICI..57
  - NEL FUTURO RICICLEREMO ANCHE LE TERRE RARE....................58
  - TERRE RARE NEI GIOCATTOLI PER BAMBINI................................61
  - UTILIZZI...63
  - TERRE RARE (REE - RARE EARTH ELEMENTS)...............................64
  - LA PRODUZIONE GLOBALE...66
  - Bibliografia..68

www.ingramcontent.com/pod-product-compliance
Lightning Source LLC
Chambersburg PA
CBHW070459220526
45466CB00004B/1884